# DE L'EMPLOI
# DU SYSTÈME COMPOUND
## POUR LES MACHINES LOCOMOBILES ET DEMI-FIXES EN ANGLETERRE,

**Par M. Gustave RICHARD,**
Ingénieur civil des Mines.

---

### INTRODUCTION.

Les avantages pratiques du système compound pour les machines à haute pression et sans condenseurs, en tête desquelles il faut ranger les locomotives, ne paraissent plus discutables. On a longtemps contesté ces avantages pour deux raisons principales : parce qu'on voulait absolument les établir théoriquement, alors que l'on ne dispose pas encore aujourd'hui des données scientifiques nécessaires, et parce que l'état de la construction ne permettait pas, dès l'origine, de marcher avec des pressions suffisamment élevées pour tirer de cette application du principe compound tout le bénéfice qu'on en espérait.

La théorie de la machine à vapeur ne pourra s'établir complètement qu'après celles de la conductibilité et du rayonnement des cylindres, et l'on sait que ces théories sont hérissées de difficultés en apparence insurmontables. La théorie d'après laquelle on établit, sans tenir compte de l'influence des parois, l'inutilité du système compound est inadmissible depuis que l'expérience a démontré la grandeur de cette influence; et, d'autre part, l'impossibilité de formuler cette influence empêche de déterminer *a priori* même le sens de son action, favorable ou défavorable au système compound. C'est ainsi que l'expérience seule pouvait déterminer, par exemple, la pression à partir de laquelle le système compound deviendrait avantageux dans son application aux locomobiles et aux petites machines fixes sans condensation.

Ces machines n'ont été que rarement expérimentées en France d'une manière suivie et par des méthodes à peu près comparables, tandis qu'elles ont été, au contraire, de la part de la *Société Royale d'Agriculture d'Angleterre*, l'objet de concours fréquents et d'études expérimentales nombreuses, qui, sans être à l'abri de toute critique, n'en constituent pas moins un ensemble de documents très précieux, et ont largement contribué non seulement au progrès technique de ces machines, mais aussi au succès commercial des appareils anglais. Les récompenses décernées à la suite de ses concours par la Société Royale exercent en effet, dans le monde entier, une grande influence sur la masse des acheteurs; et cette influence est souvent très nuisible aux concurrents des maisons anglaises, dont les produits sont équivalents, mais qui n'ont, pour les présenter au public, aucun témoignage officiel. Je crois utile de signaler ce fait parce que nos constructeurs ne profitent pas assez des facilités qu'ils ont de faire essayer leurs machines par nos établissements technologiques, tels que le Conservatoire des Arts et Métiers, dont l'autorité n'est contestée par personne.

L'introduction de la locomobile compound en Angleterre remonte, à notre connaissance du moins, à 1862, époque où M. *Wenham* exposait à Islington une locomobile compound de 10 chevaux, à cylindres de $127^{mm}$ et $220^{mm}$ de diamètre sur $305^{mm}$ de course, avec une chaudière de $7^{mq},70$ de chauffe, pourvue, dans la boîte à fumée, d'un surchauffeur de $2^{mq},30$ de surface, où la vapeur passait en allant du petit au grand cylindre. L'année suivante, en 1863, MM. *Robey* présentaient une locomobile compound de M. *E. Allen* au concours de Smithfield. Aucune de ces machines n'attira l'attention du public : il fallut attendre jusqu'en 1879 l'exposition, au concours de la Société Royale, d'une demi-fixe compound, par M. *Fowler*, de Leeds. Cette machine, d'un type analogue à celui que la Société Alsacienne exposait, en 1889, à Paris, avait des cylindres de $200^{mm}$ et $355^{mm}$ de diamètre sur $405^{mm}$ de course, avec distribution par tiroirs et coulisse, une chaudière locomotive de $26^{mq}$ de chauffe, une grille de $0^{m},74$. Elle dépensait, par cheval-heure effectif, $1^{kg},80$ de bon charbon, sous une pression de $5^{kg},90$, $1^{kg},45$ sous une pression de $7^{kg}$, et $1^{kg},15$ sous une pression de $10^{kg}$ (88 chevaux), ce qui démontrait bien l'accroissement des avantages du système compound avec la pression. L'année suivante, en juillet 1880, MM. *Garrett* exposaient, au concours de Carlisle, une locomobile compound à cylindres de $196^{mm}$ et $300^{mm}$ de diamètre, et de $250^{mm}$ seulement de course, à tiroirs de Trick et sans enveloppes. Dans un essai de trois heures, et sous une pression de $7^{kg}$, cette machine faisait $22^{chev},8$ et dépensait $1^{kg},45$ par cheval-heure effectif, à 180 tours.

A partir de cette date, l'élan était donné; presque tous les constructeurs adoptèrent très vite le système compound pour les locomobiles, les locomotives routières et surtout pour les machines demi-fixes. Il suffit de citer, parmi les plus connus, les types de *Clayton*, de *Marshall*, de *Robey*, de *Ransome*, de *Fowler*, de *Paxman*, de *Proctor*, dont on trouve la description dans les principaux journaux anglais, notamment dans l'*Engineer* et l'*Engineering*.

Le type de machine demi-fixe à chaudière locomotive montée sur un bâti portant les cylindres, l'arbre et le mécanisme s'est beaucoup développé en Angleterre dans ces dernières années, principalement pour l'éclairage électrique. M. *Fowler* en construit, à chaudières jumelées, qui vont jusqu'à 280 chevaux (1). Quelques constructeurs, M. *Marshall* notamment, n'hésitent pas à atteindre des pressions de 12 atmosphères avec la triple expansion (2). Enfin, il est avantageux, pour les machines puissantes, d'y ajouter, si le lieu de l'emploi le permet, un condenseur peu encombrant, comme dans les types de *Mac Laren* (3). Comme types français analogues, il suffit

---

(1) *Engineering*, 19 oct. 1888, p. 378.
(2) *Engineering*, 13 juillet 1888.
(3) *Revue Industrielle*, 2 mars 1889.

de rappeler les machines exposées en 1889 par la *Société Alsacienne* et par M. *Ch. Bourdon*.

Les constructeurs français ne sont pas restés, dans l'application du système compound aux machines locomobiles et demi-fixes, en arrière de leurs rivaux anglais, auxquels ils ont parfois montré le chemin qu'il fallait suivre (¹); j'ai néanmoins pensé qu'il serait utile de publier avec quelques détails un compte rendu des dernières expériences exécutées sur des machines de ce genre et sur de petites machines fixes sans condensation par la *Société Royale*, à Newcastle et à Plymouth, tant à cause de l'intérêt qu'elles présentent par elles-mêmes que pour engager nos constructeurs à favoriser l'institution d'expériences analogues, qui ne sauraient que tourner à leur honneur et au profit de leur industrie.

## ESSAIS DE NEWCASTLE (1887), (²).

Les essais institués par la Société Royale d'Agriculture à Newcastle en 1887 avaient principalement pour objet de préciser les progrès réalisés dans la construction et dans l'économie des machines locomobiles depuis le célèbre concours de Cardiff, en 1872. On pouvait espérer un progrès notable, car on avait, depuis cette époque, introduit dans ce genre de machines deux perfectionnements importants : l'emploi de pressions élevées, allant jusqu'à 17 atmosphères, et, comme une conséquence naturelle de ces hautes pressions, l'application du système compound. La Société Royale proposa, au concours de Newcastle, deux prix : un premier prix pour la meilleure locomobile compound et un second prix pour la meilleure locomobile simple, sans aucune restriction relative

(¹) WEYHER et RICHEMOND, *Exposition de* 1878. — CHALIGNY, *Annales industrielles*, 29 août et 5 septembre 1880.

(²) *Journal of the Royal Agricultural Society of England*, 2ᵉ Série, t. XXIII, p. 667. Rapports de MM. PARSONS, YATES, PIDGEON, ANDERSON et de Sir F. BRAMWELL. — *Engineering*, 15 juillet 1887. — *The Engineer*, 15 et 22 juillet, 5 août, 18 et 25 nov., 2 déc. 1887.

aux pressions, et avec faculté de présenter au concours des locomobiles routières. La puissance nominale ne devait pas dépasser huit chevaux. Cette proposition ne fut, malgré son vif intérêt, que très froidement accueillie par les principaux constructeurs de locomobiles, qui refusèrent de prendre part au concours sous le prétexte qu'ils n'avaient pas le temps de s'y préparer utilement. Les concurrents furent donc des nouveaux venus et en petit nombre : ce qui n'empêcha pas les essais de donner des résultats extrêmement remarquables.

Ces résultats ont, de plus, la bonne fortune d'être parfaitement comparables, car les trois concurrents les plus heureux, MM. *Davey-Paxman*, *Mac Laren* et *Foden* avaient exposé des machines simples et compound de construction semblable, et qui furent conduites, aux essais, par les mêmes mécaniciens. Ainsi que le montrent les chiffres généraux des Tableaux ci-contre, les résultats du concours furent, en ce qui concerne l'économie du combustible, tout à fait favorables à l'emploi du système compound.

| | Dépense de charbon par cheval-heure effectif. | | Économie du système compound. | |
|---|---|---|---|---|
| | Simple. | Compound. | par cheval-heure. | en tant pour 100. |
| | kg | kg | kg | |
| Davey-Paxman... | 1,180 | 0,840 | 0,340 | 29 |
| Foden.......... | 1,260 | 0,880 | 0,380 | 30 |
| Mac Laren...... | 1,220 | 0,990 | 0,230 | 18,8 |

L'emploi du système compound conduirait donc, toutes choses égales, comme nous le verrons plus bas par l'analyse détaillée des essais, à une économie de combustible d'environ 25 pour 100.

Quant aux poids et aux prix comparatifs des machines simples et compound, on voit, d'après les données du Tableau ci-après, que la différence par cheval effectif n'est pas considérable, et qu'elle peut même parfois se trouver en faveur de la compound, surtout avec les locomotives routières, pour lesquelles l'emploi de deux cylindres est, en outre, spécialement avantageux comme facilitant les démarrages et les changements de marche. On doit, en plus, remarquer que si le mécanisme de la machine compound pèse, à puissance égale, plus que celui de la machine simple, son économie permet d'en réduire la chaudière de manière à réaliser sur ce point, très important pour les locomobiles, une compensation à peu près parfaite.

| Locomobiles de 8 chevaux nominaux. | Poids en tonnes. | | Prix. | |
|---|---|---|---|---|
| | Simple. | Compound. | Simple. fr. | Compound. fr. |
| Davey-Paxman | 4,91 | 5,24 | 5050 | 7250 |
| Foden (locomotive routière) | 10,42 | 11,20 | 10000 | 11500 |
| Mac Laren | 5,04 | 5,46 | 4375 | 5000 |

| Locomobiles de 8 chevaux nominaux. | Puissance effective aux essais. | | Prix par cheval effectif. | |
|---|---|---|---|---|
| | Simple. ch | Compound. ch | Simple. fr. | Compound. fr. |
| Davey-Paxman | 16,94 | 20,33 | 300 | 355 |
| Foden (locomotive routière) | 11,37 | 17,57 | 880 | 655 |
| Mac Laren | 16,98 | 21,07 | 260 | 240 |

Nous allons maintenant, avant d'aborder l'analyse détaillée des essais du concours de Newcastle, décrire sommairement les principales particularités de celles des machines qui s'y sont distinguées par des mérites à peu près équivalents. Ces machines étaient au nombre de sept, exposées par quatre constructeurs : MM. *Davey-Paxman, Cooper, Foden* et *Mac Laren.*

**Davey-Paxman.** — MM. *Davey-Paxman et Cie*, de Colchester, avaient envoyé au concours deux machines : une locomobile simple à un cylindre et une locomobile compound à deux cylindres, toutes deux, conformément au programme, d'une puissance nominale de huit chevaux.

*Machine simple.* — La chaudière, du type locomotive, et dont les principales particularités numériques sont indiquées au Tableau A (p. 28-29), est caractérisée par l'emploi de huit tubes de circulation Paxman, partant des côtés du foyer, près de la grille, et débouchant au ciel même du foyer. La chaudière, tout en acier, avait ses rivures percées, non poinçonnées, et rivées à la machine : elle était recouverte d'une enveloppe de feutre épais et de bois maintenue par une couverture en tôle. Le cylindre, placé dans l'axe, au-dessus de la boîte à feu, est complètement enveloppé, parois et fonds, d'une chemise de vapeur purgeant dans la chaudière et constituée en forçant dans le cylindre un second cylindre intérieur en fonte très dure. Les paliers de l'arbre de couche reposent sur des supports en fonte reliés au cylindre d'un côté et simplement boulonnés à la chaudière du côté du volant. La distribution est pourvue d'un tiroir de détente à coulisse soumise au régulateur; ce tiroir de détente glisse sur une glace fixe, interposée entre lui et le tiroir principal, et à lumières doublées de manière à augmenter la sensibilité du réglage. La pompe alimentaire, placée verticalement sous l'arbre de couche, a son débit réglé par un robinet de refoulement dérivant l'excès d'eau dans une bâche qui reçoit aussi la purge du réchauffeur. Ce réchauffeur consiste en une chambre de $1^{m},50$ de long, à cheval sous l'enveloppe de la chaudière et traversée par la vapeur d'échappement dans son trajet vers la cheminée. L'eau d'alimentation traverse, avant de pénétrer dans la chaudière, un tube de cuivre de $25^{mm}$ de diamètre, qui se replie huit fois sur la longueur du réchauffeur, puis un serpentin de même diamètre logé dans la boîte à fumée. Le graissage s'opérait au cylindre par un compte-gouttes Beck, et à la bielle par un graisseur à mèche automatique.

*Machine compound.* — La construction de cette locomobile diffère notablement de celle de la précédente. La chaudière, également du type locomotive, n'a pas de tubes Paxman. La machine est portée par un châssis de deux fers à double T longitudinaux, entrecroisés à l'arrière par les cylindres mêmes, à l'avant par une forte tôle transversale qui supporte les patins, et entre l'avant et l'arrière par deux pièces de fonte supportant l'une l'avant et l'autre l'arrière des glissières, ainsi que le régulateur et sa commande. Ce bâti est boulonné sur quatre corbeaux rivés à la chaudière, qui se trouve ainsi, comme dans les locomobiles françaises, libre de se dilater sans affecter le mécanisme et sans être gênée par lui. Les cylindres et leurs fonds sont complètement enveloppés d'une chemise de vapeur purgeant dans la chaudière. Le cylindre de basse pression n'a qu'un seul tiroir et le petit cylindre est pourvu d'un tiroir de détente réglé comme celui de la locomobile simple. Le réchauffeur est le même que celui de la locomobile simple, mais sans serpentin dans la boîte à fumée. L'arbre de couche, à manivelles à 90° équilibrées par le volant, repose sur trois portées à paliers ajustables et très longs.

**Mac Laren.** — MM. *J. et H. Mac Laren* exposaient aussi deux locomobiles : une simple et une compound.

La chaudière de ces locomobiles, du type locomotive, ne présentait rien de bien particulier. Les paliers de l'arbre de couche étaient portés sur des supports en tôle reliés au cylindre par deux tirants et fixés à la chaudière par des cornières rivées. Le tiroir de détente est soumis à l'action d'un régulateur Wilson-Hartnell (1), très sensible et très énergique. Le réchauffeur d'alimentation est constitué par un tube de fer de 1m,80 de long, de 150mm de diamètre. Ce tube débouche dans deux boîtes en fonte divisées par des cloisons radiales en compartiments communiquant entre eux, au travers du tube en fer, par six tubes en cuivre de 32mm de diamètre, que l'eau traverse successivement comme un serpentin continu entouré par la vapeur d'échappement. Ces tubes sont disposés en hélice pour en faciliter la dilatation. Une partie seulement de la vapeur d'échappement pénètre dans le réchauffeur, au travers d'ouvertures percées dans le tuyau d'échappement qui le traverse par des garnitures étanches de stuffing-box, ne contrariant pas les dilatations.

*Machine compound.* — Cette machine ne différait de la locomotive simple que par les cylindres et leur attirail. Le petit cylindre seul avait un tiroir de détente à régulateur Hartnell.

**Foden.** — MM. *Foden et Cie*, de Sandbach, exposaient deux locomobiles routières (*Traction Engines*), l'une simple et l'autre compound, ne différant que par l'attirail des cylindres.

La chaudière, du type locomotive, ne présentait rien de bien particulier. L'alimentation se règle par l'aspiration, dont le tuyau F (*fig.* 1 et 2), pourvu d'un robinet de réglage, aspire dans une petite bâche E l'eau que la pompe H refoule dans le réchauffeur C, qui reçoit une partie de l'échappement par le

(1) HATON DE LA GOUPILLIÈRE, *Cours de Machines*, t. III, p. 484.

Fig. 1.

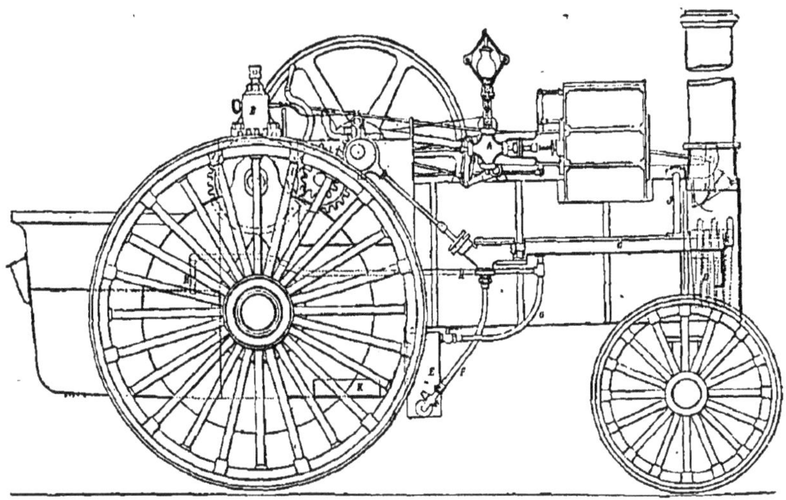

Locomotive routière Foden. — Élévation.

tuyau J, puis dans le serpentin D, de 13$^{m}$ de long et de 25$^{mm}$

Fig. 2.

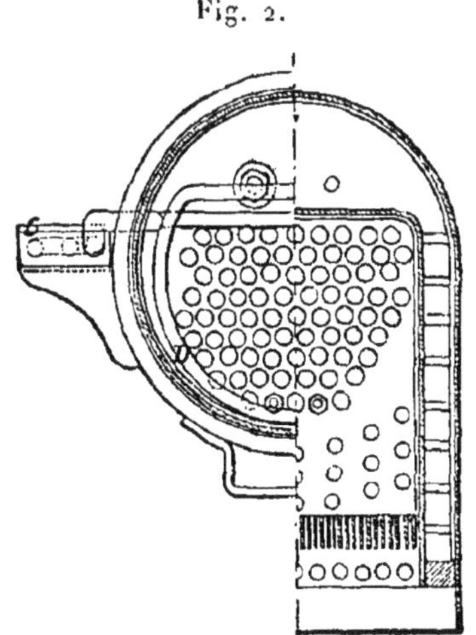

Locomotive routière Foden. — Coupe transversale de la chaudière par le foyer et le corps cylindrique.

de diamètre, logé dans la boîte à fumée. Le tirage est réglé par un papillon I, dans la cheminée.

Les deux cylindres parfaitement enveloppés, fonds et parois, ont chacun leur distribution à coulisses indépendantes, que l'on accouple sur un même levier de changement de marche quand on fonctionne en locomotive. Le cylindre de

Fig. 3 et 4.

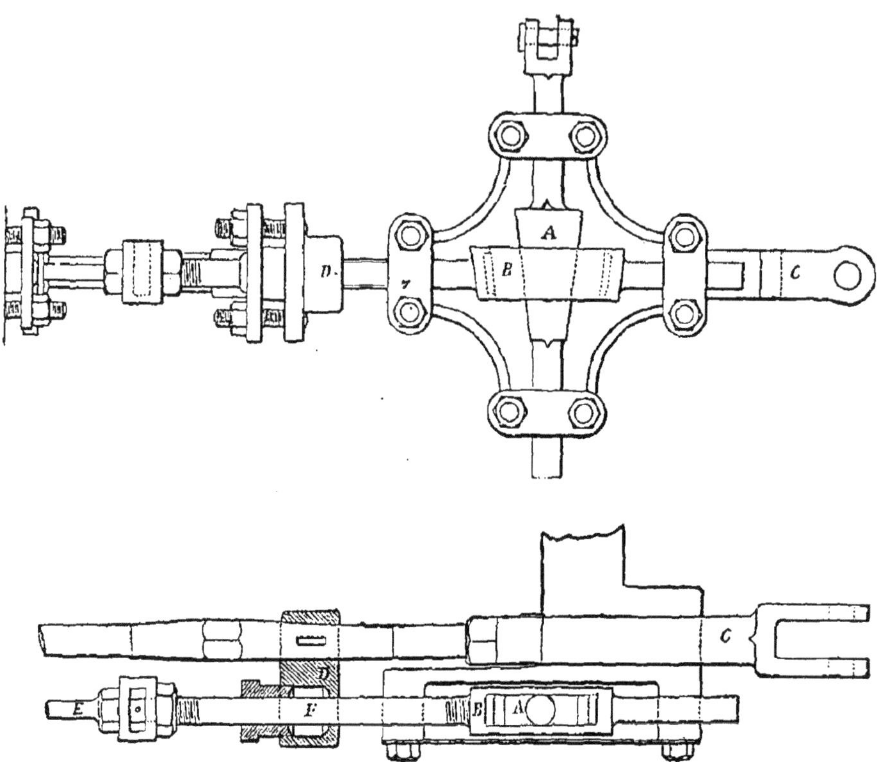


Locomotive routière Foden. — Détail de la détente variable. Élévation et plan-coupe.

haute pression est, en plus, pourvu d'un tiroir de détente Farcot dont la tige C est munie (*fig*. 3 et 4) d'un cadre B, dans lequel monte et descend le coin A, relié au régulateur. Plus ce coin s'abaisse, plus vite il arrête l'entraînement du tiroir de détente par le tiroir principal, et plus il réduit l'admission. Le second stuffing-box F, entraîné par la tige C du tiroir principal, a pour objet de compenser par son serrage réglable à volonté le frottement du stuffing-box de la tige E à l'entrée de la boîte à tiroirs, qui pourrait, sans cela, arrêter cette tige avant la butée de son cadre sur le coin A. L'emploi du tiroir de détente Farcot présente l'avantage de ne gêner en rien le fonctionnement du changement de marche indispensable aux locomobiles routières. Enfin, un robinet d'intercommunication, indiqué sur la *fig*. 5, permet, pour un coup de collier, d'ad-

Fig. 5.

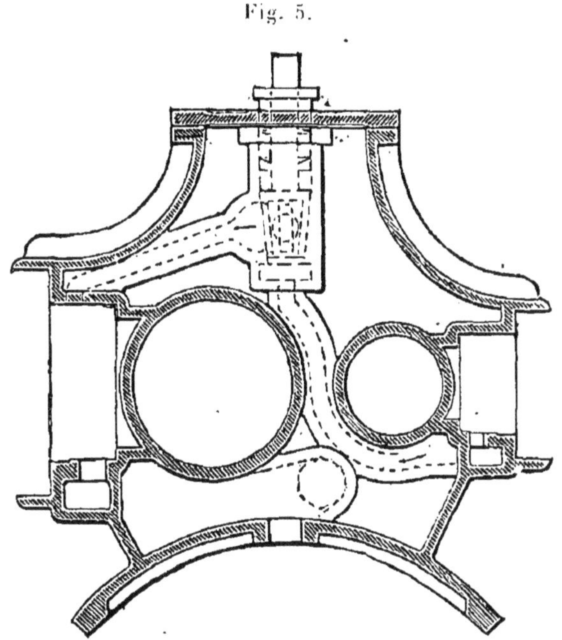

Locomotive routière Foden. — Coupe transversale des cylindres.

mettre la vapeur directement de la chaudière aux deux cylindres.

**Cooper**. — M. *Cooper*, de Ryburgh, n'exposait qu'une locomobile routière, construite sur ses plans par Garrett.

Cette machine, dont la locomotion n'était que l'accessoire, est remarquable par sa simplicité et sa légèreté : malgré son attirail de traction, elle ne pèse que 5 tonnes et passe dans une largeur de 1$^{m}$,80.

La chaudière est du type locomotive, avec réchauffeur

d'alimentation constitué par la dérivation d'une partie de l'échappement dans un serpentin à la surface de l'eau de la bâche. Le renversement de la marche s'opère au moyen d'excentriques à calage variable. Les cylindres, sans chemises de vapeur, mais soigneusement enveloppés, sont placés à l'avant de la chaudière. Le régulateur agissait sur un papillon étranglant plus ou moins la prise de vapeur. Les résultats des essais de cette machine sont spécialement intéressants en ce qu'ils peuvent se comparer à ceux des compound précédentes, à chemises de vapeur et à tiroir de détente.

## RÉSULTATS DES ESSAIS.

Nous allons maintenant examiner quelques-uns des principaux résultats des essais de ces locomobiles, consignés aux Tableaux annexés (p. 28 à 33).

Il a fallu, tout d'abord, calculer *la vapeur condensée dans les enveloppes,* car on ne pouvait pas recueillir séparément cette eau, qui se déversait directement dans les chaudières. La méthode forcément approximative adoptée pour ce calcul consiste essentiellement à admettre qu'il se condense dans l'enveloppe une quantité de vapeur équivalente au travail indiqué, de sorte que, si l'on désigne par

$i$, la force en chevaux indiquée;
$t$, la durée de l'essai en minutes;
$\lambda$, la chaleur latente de la vapeur à la pression de la chaudière et de l'enveloppe,

le poids $p$ de la vapeur condensée dans l'enveloppe pendant l'essai est donné par la formule

$$p^{\text{kg}} = \frac{75 \times 60 \times t \times i}{425\lambda} = 10,58\,\frac{ti}{\lambda}.$$

Dans tous ces essais, on a toujours ramené la vaporisation à 100°, c'est-à-dire exprimé la vaporisation de la chaudière en fonction de celle qu'elle aurait produite en vapeur à 100°, pour laquelle $\lambda = 536,5$, d'où

$$p = 0,0197\,ti = \text{pratiquement } 0,02\,ti.$$

Cette formule très simple

$$p = 0,02\,ti,$$

purement empirique, donne, d'après M. Anderson, des résultats suffisamment exacts, et, en tous cas, parfaitement comparables.

Quoi qu'il en soit, c'est ainsi que l'on a tenu compte de la condensation des enveloppes dans l'évaluation de la vaporisation pour toutes les chaudières essayées, dont quelques-unes, celle de la locomotive simple Foden, par exemple, et celle de la compound Paxman, auraient vaporisé la quantité considérable de 13$^{kg}$ d'eau par kilogramme de charbon. La surface de chauffe de la chaudière Foden était, il est vrai, considérable : de 80 fois environ la surface de grille, réduite pour l'essai, et la combustion modérée d'environ 59$^{kg}$ par mètre carré de cette grille réduite; ainsi que la vaporisation par mètre carré de chauffe et par heure (8$^{kg}$,60) ou, par cheval-heure effectif (16$^{kg}$,30); la combustion était en outre parfaitement réglée avec un excès d'air de 9 pour 100 seulement. En somme, la chaudière était peut-être trop forte pour la machine. La chaudière de la compound Paxman, de même vaporisation par kilogramme de charbon que la précédente, en diffère par plusieurs de ses proportions. La surface de grille réduite aux essais y était beaucoup plus grande : 0$^{mq}$,401 au lieu de 0$^{mq}$,245, mais la même par cheval-heure indiqué : 0$^{mq}$,175. La surface de chauffe totale par cheval-heure indiqué était, au contraire, beaucoup plus faible : 0$^{mq}$,92 au lieu de 1$^{mq}$,41, ainsi que la vaporisation par cheval effectif : 10$^{kg}$,90 au lieu de 16$^{kg}$,30; tandis que la vaporisation par mètre carré de chauffe et par heure y était plus élevée : 9$^{kg}$,25 au lieu de 8$^{kg}$,60. Enfin, le feu y était réglé tout différemment, avec près de deux fois plus d'air que pour la locomobile Foden, et une température plus élevée dans la boîte à fumée. L'utilisation du combustible y fut pourtant la même : résultat en apparence paradoxal, et qui semble indiquer que la chaudière Paxman, moins poussée, avec un tirage moins actif ou des tubes plus longs, aurait peut-être augmenté encore sa vaporisation par kilogramme de charbon. Il faut d'ailleurs ajouter que le rapport de la grille à la section des tubes, ou au *calorimètre*, comme disent les Anglais, était beaucoup plus élevé dans la chaudière Paxman : 4,55 au lieu de 2,83. Dans la chaudière compound de Mac Laren, ce rapport s'élève à 5,42 aux essais avec grille réduite, la vaporisation par mètre carré de chauffe et par heure, à $11^{kg},50$, la température de la boîte à fumée à 238°, et l'excès d'air à 140 pour 100, sans modification pratiquement sensible de la vaporisation par kilogramme de houille ou du rendement de la chaudière : 0,814 au lieu de 0,840. Peut-être cela tient-il à ce que la température du foyer, que l'on n'a pas pu mesurer, était plus élevée dans la chaudière Mac Laren ?

On a essayé, pour la première fois, croyons-nous, au concours de Newcastle. d'évaluer la *perte de chaleur* des locomobiles *par leur rayonnement*. La méthode employée était la suivante : La chaudière étant pleine d'eau à la pression et au niveau normal, on déduisait, des poids d'eau et de vapeur qu'elle renfermait ainsi que du poids de la chaudière et des cylindres à la même température qu'elle, la capacité calorifique totale de la locomobile en pression normale, sans feu sur la grille, puis, après avoir soigneusement fermé le foyer, on laissait la chaudière se refroidir, en notant à des intervalles égaux ses abaissements de température. La *fig.* 6 donne la courbe représentative du refroidissement de la locomobile simple Paxman, tracée en portant en abscisses les heures d'observation et en ordonnées les températures correspondantes. Le refroidissement se ralentit d'autant plus que la température baisse, en suivant à peu près la loi de Newton. Si l'on mène au point *c*, correspondant à la température normale de la chaudière sous la pression de régime de $6^{kg},65$, une tangente à la courbe, la distance OB donne le temps que la locomobile, supposée maintenue à cette pression, aurait mis à perdre par rayonnement la même quantité de chaleur que pendant toute la durée de son refroidissement graduel. C'est ainsi que l'on a évalué les pertes par rayonnement reportées au Tableau. La méthode n'est, on le voit, que grossièrement approximative; il y avait toujours un certain appel d'air malgré la fermeture du cendrier, tandis que, en marche, l'intérieur du foyer et les tubes ne perdent aucune chaleur par rayonnement, mais en reçoivent, au contraire, des gaz qui les traversent. Les résultats ainsi ob-

Fig. 6 (1).

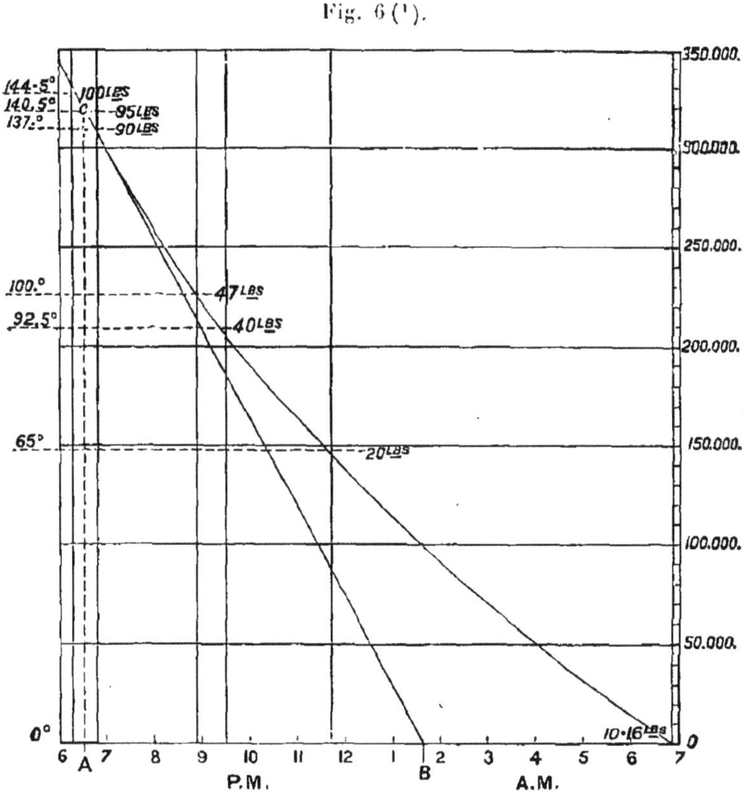


Courbes du refroidissement de la locomobile simple Paxman.

On a porté, sur ce diagramme, en abscisses les heures comptées à partir du commencement de l'essai, et en ordonnées, à droite, les pertes de chaleur correspondantes en calories anglaises, équivalentes chacune à 0,25 calorie française ; les chiffres de gauche indiquent les températures de la vapeur en degrés Fahrenheit, et ceux de la courbe, les pressions correspondantes en livres par pouce carré (1 livre par pouce carré = 0kg,07 par centimètre carré).

tenus doivent donc être considérés comme plutôt trop forts. On se rendrait mieux compte de la puissance du rayonnement

(1) Le cliché de cette figure et ceux des *fig.* 22, 23 et 24 ci-après nous ont été gracieusement prêtés par la *Société Royale d'Agriculture de Londres*.

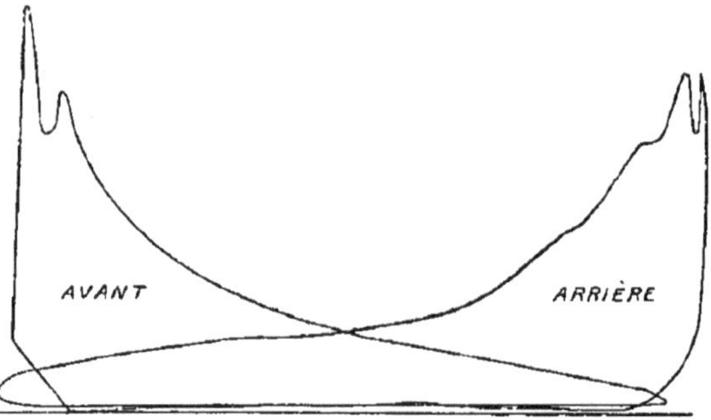


Fig. 7. — Locomotive routière Foden simple.

Fig. 8. — Locomobile verticale simple Jeffery et Blackstone.

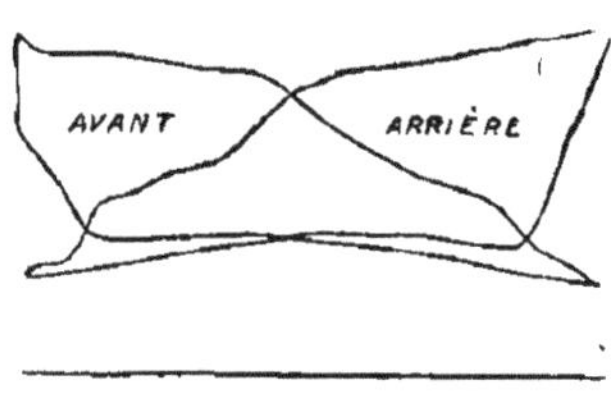


Petit cylindre.

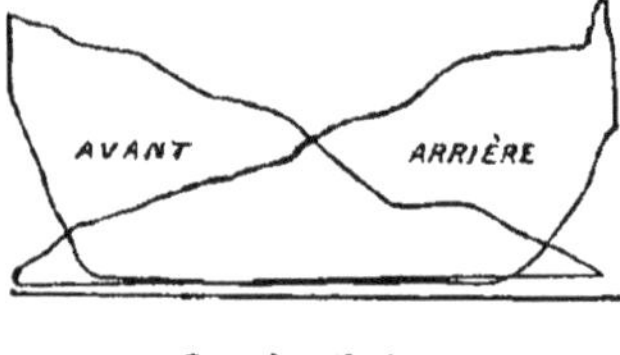


Grand cylindre.

Fig. 12 et 13. — Locomotive routière Cooper compound.

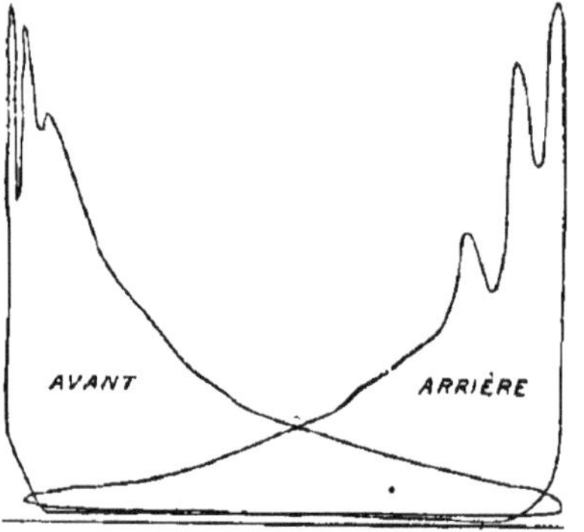


Fig. 9. — Locomobile simple Mac Laren.

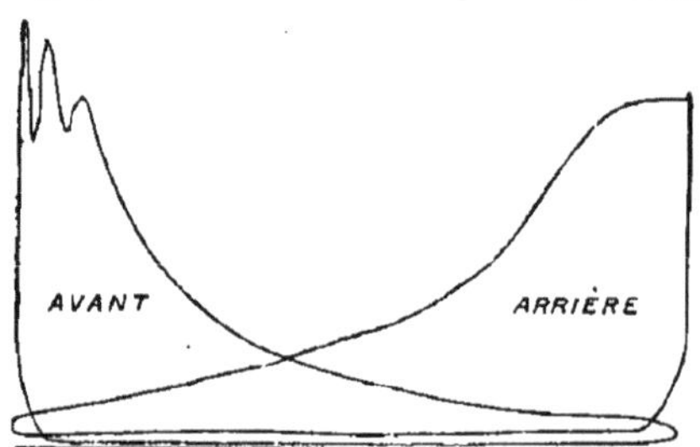


Fig. 10. — Locomobile simple Paxman.

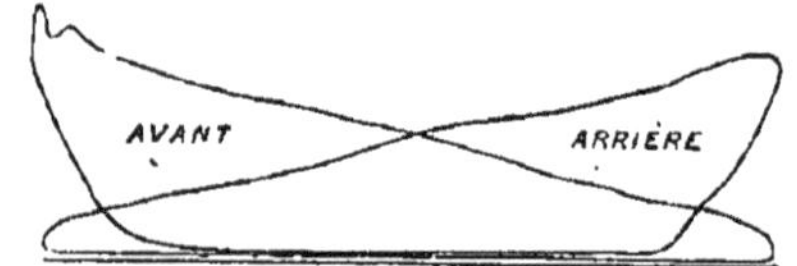


Fig. 11. — Locomobile simple Humphries.

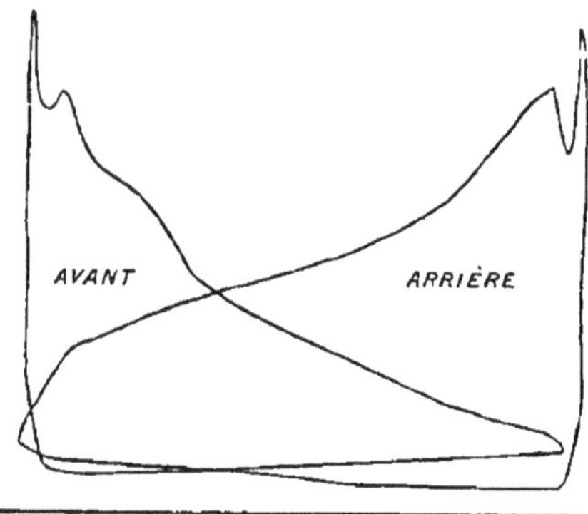


Petit cylindre.

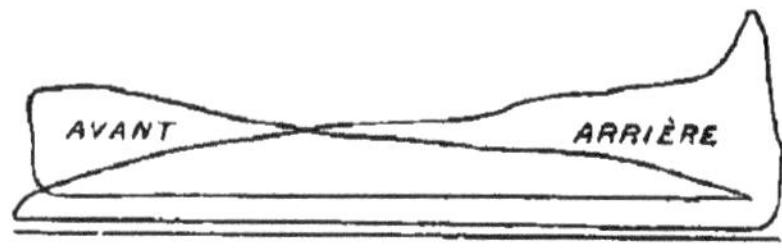


Grand cylindre.

Fig. 14 et 15. — Locomotive routière Foden compound.

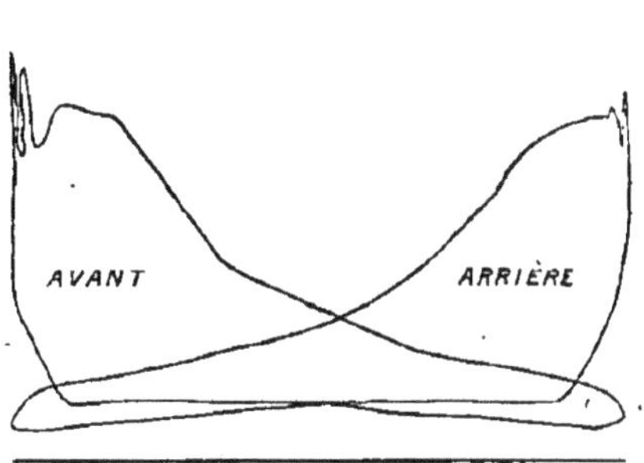


Petit cylindre.

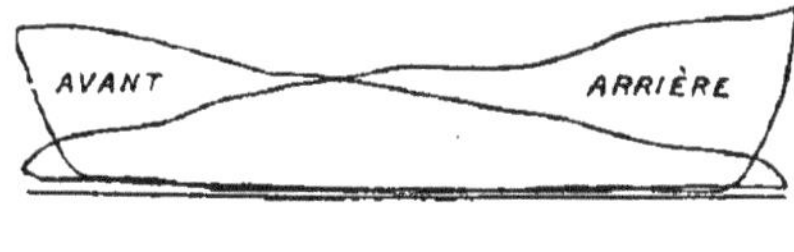


Grand cylindre.

Fig. 16 et 17. — Locomobile compound Mac Laren.

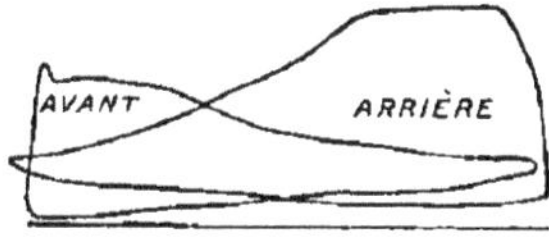


Petit cylindre.

Grand cylindre.

Fig. 18 et 19. — Locomobile compound Humphries.

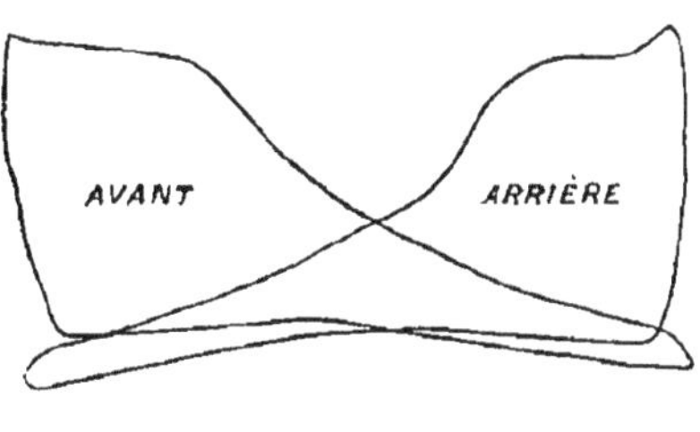


Petit cylindre.

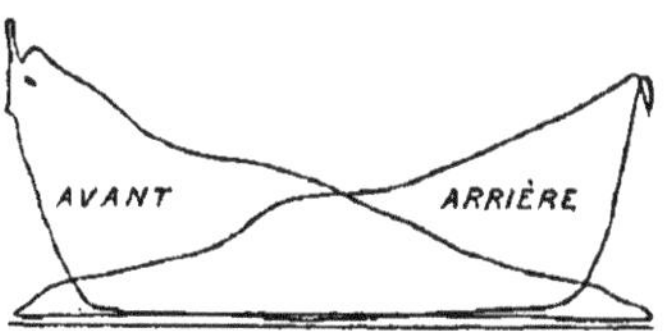


Grand cylindre.

Fig. 20 et 21. — Locomobile compound Paxman.

en le rapportant au mètre carré de surface rayonnante, renseignement qui manque malheureusement dans les comptes rendus des essais. Faute de données officielles, prenons, pour la machine simple Foden, par exemple, le chiffre plutôt trop fort de $9^{mq}$ de surface rayonnante; il en résulte que cette locomobile aurait perdu environ 2000 calories par mètre carré et par heure, et, puisque sa température était de 175° et la température extérieure de 20°, environ 13 calories par mètre carré de surface rayonnante, par heure et par degré d'excès de température, ce qui est un chiffre apparemment très élevé. Rapportée au charbon brûlé ou à la chaleur fournie, la perte par rayonnement ainsi calculée a oscillé entre les limites très écartées de 0,054 à 0,165, maximum atteint par la compound Foden et qui s'explique principalement par sa très haute pression : $17^{kg},5$. Avec cette dernière machine, la perte par rayonnement: 21 000 calories par heure, équivaudrait à un travail de

$$\frac{21\,000 \times 425}{75 \times 60 \times 60} = \frac{8\,925\,000}{270\,000} = 33 \text{ chevaux environ,}$$

c'est-à-dire à plus de deux fois son travail effectif. La question des pertes par rayonnement est donc des plus sérieuses et mériterait d'être reprise, étudiée plus à fond, du moins pour les locomobiles; car, si les résultats de Newcastle se confirmaient sur ce point, les méthodes d'isolement actuellement employées sur ces machines devraient être considérées comme tout à fait insuffisantes, du moins pour les hautes pressions.

Les rapports officiels du concours de Newcastle ne disent presque rien des diagrammes dont les principaux sont représentés par les *fig.* 7 à 21. Ces diagrammes paraissent avoir été pris presque toujours avec des ressorts d'indicateurs trop faibles, exagérant le lancé du piston et masquant l'origine véritable de la détente. On remarquera, dans le diagramme du petit cylindre de la compound Paxman (*fig.* 20), la forme particulière de la courbe de contre-pression ou d'échappement au grand cylindre : la contre-pression s'y élève jusqu'au milieu de la course, pour retomber ensuite; cette allure, due en partie à la petitesse du réservoir intermédiaire, est considérée, en général, comme favorable. La contre-pression du grand cylindre de la compound Foden, trop élevée ($0^{kg},40$ effectifs), occasionnait un travail résistant inutile de près de deux chevaux.

Nous terminerons cet exposé des essais de Newcastle par la description de l'appareil employé par M. *Stead* pour recueillir et analyser les gaz de la boîte à fumée.

L'appareil à recueillir les gaz se compose (*fig.* 22) d'une éprouvette à mercure A, de $180^{mm}$ de hauteur sur $45^{mm}$ de dia-

Fig. 22.

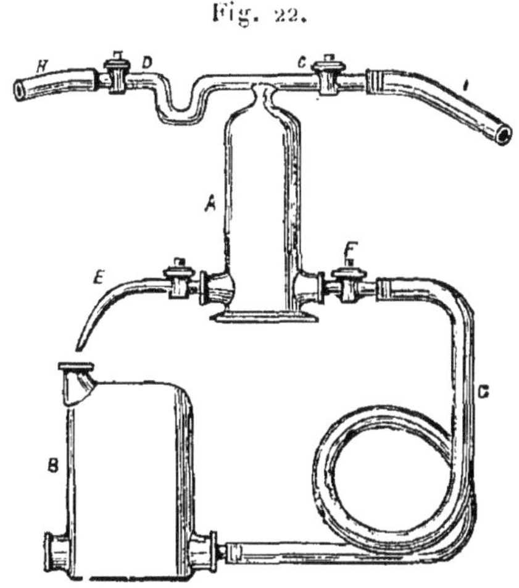


Apparcil Stead à recueillir les gaz.

mètre reliée, par le tube H avec robinet D, à la boite à fumée, juste au-dessus des tubes, un peu au-dessous de la tuyère, et, par le tuyau G à robinet F, au bas du récipient en verre B, où le mercure de A peut s'écouler par la pipette E. L'éprouvette A étant pleine de mercure et B vide, on ouvre D et C, et l'on aspire d'abord, par I, assez de gaz de la boîte à fumée pour chasser tout l'air. On ferme alors le robinet C, on ouvre E, puis on aspire les gaz en A, en laissant le mercure s'écouler par E à la vitesse que l'on veut. Pour remplir de nouveau A de mercure en expulsant ses gaz, il suffit de fermer D et E, d'ouvrir C et F et de soulever B.

L'appareil analyseur est représenté par la *fig.* 23. Son fonctionnement est le suivant. On soulève d'abord la bouteille

Fig. 23.

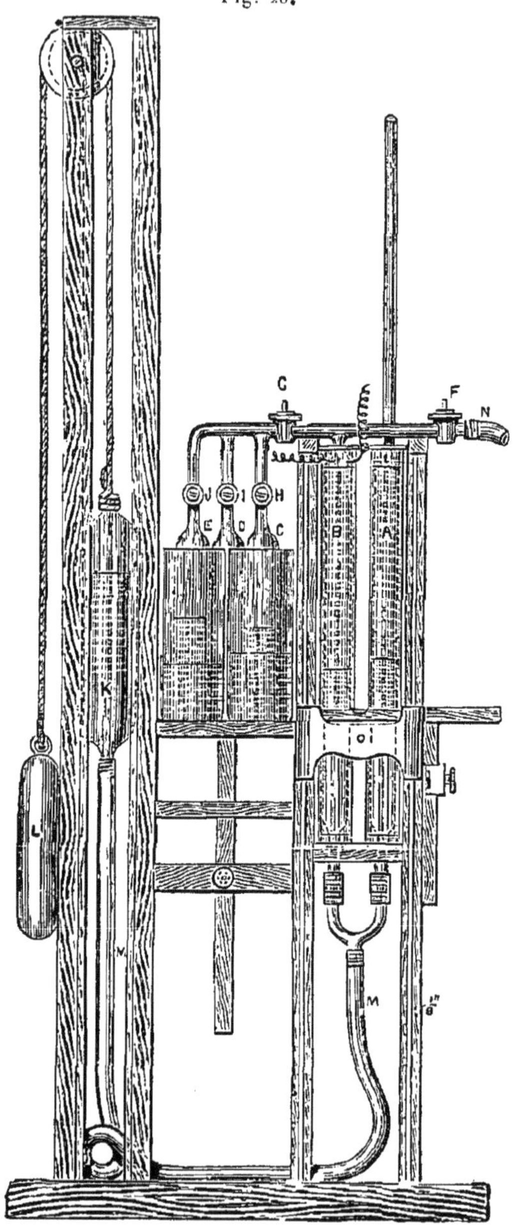


Analyseur Stead pour les gaz de la combustion.

à mercure K, de manière à remplir le tube B complètement,

puis on ferme G et l'on ouvre F, de manière que le gaz arrive par N en B, et l'on ferme F. On déplace ensuite l'éprouvette K jusqu'à ce que le mercure prenne le même niveau dans le tube B, et dans le tube A, ouvert à l'atmosphère. On lit alors le volume du gaz que renferme A, à la pression atmosphérique et à la température constante maintenue par une circulation d'eau autour de A et de B. On ouvre ensuite les robinets G et H, et l'on soulève K de manière à faire absorber l'acide carbonique par la potasse caustique de l'éprouvette C; puis, après une minute environ, on laisse le gaz revenir en B, où l'on mesure son nouveau volume comme précédemment. On répète l'opération pour s'assurer que tout l'acide carbonique a bien été absorbé. L'éprouvette D renferme de l'eau : on en décompose un peu par une étincelle électrique, et l'on fait rendre les gaz résultants dans B, où on les recombine par une étincelle : on brûle ainsi tout l'oxyde de carbone qui se trouve en B. Cet oxyde brûle dans l'oxygène libre des gaz de la combustion, et on le dose par l'absorption, en C, de l'acide carbonique ainsi formé. Il ne reste plus alors qu'à faire passer en B un volume déterminé de l'hydrogène de E et à l'y enflammer de manière à brûler ce qu'il y reste d'oxygène libre. On détermine l'azote, l'oxygène, et par conséquent l'air du volume restant en B.

Chaque analyse exige environ un quart d'heure.

## CONCOURS DE PLYMOUTH (1890), ([1]).

**Description des machines.** — Les essais du concours de Plymouth ont porté sur trois machines verticales : une compound et deux simples, dont les principales dimensions sont indiquées aux Tableaux H et K (p. 246-247).

*Simpson, Strickland et C^{ie}*. — La machine de MM. *Simpson, Strickland et C^{ie}* était une compound très rustique à cylindres en tandem, avec un seul tiroir pour toute la distribution, sans

([1]) *Journal of the Royal Agricultural Society*, 3^e série, t. I, p. 580. Rapport de MM. UNWIN et PIDGEON.

chemise de vapeur, avec une enveloppe de laine de laitier. La garniture de la tige de piston entre les cylindres n'a pas de stuffing-box, elle n'est constituée que par des gorges creusées dans la tige. La machine n'avait pas de régulateur. Pendant l'essai, on la réglait à la main : procédé barbare, évidemment inadmissible en pratique. La chaudière verticale renfermait, un peu à l'étroit, 155 tubes en laiton de $0^{m},70$ de long et de $25^{mm}$ de diamètre extérieur, traversant le dôme de vapeur avec une surface de surchauffe relativement considérable. Cette surchauffe, ou plutôt ce séchage de la vapeur, a, d'après MM. Unwin et Pidgeon, largement contribué à l'économie de cette machine. L'alimentation s'opère en temps ordinaire par un injecteur; pendant les essais, on se servit d'une pompe à main permettant de jauger la dépense d'eau.

*Turner.* — La machine verticale simple, du type renversé, exposée par MM. *Turner*, avait son bâti fixé à la chaudière par une tôle flexible; la distribution était faite par un tiroir à dos percé de Trick dont l'excentrique était soumis à un modérateur Hartnell excessivement sensible, mais imparfaitement réglé, donnant un échappement anticipé trop prononcé. Le cylindre, soigneusement enveloppé de feutre ainsi que les tuyaux de vapeur, n'avait pas de chemise de vapeur. L'alimentation s'opérait au moyen d'une pompe à soupape de refoulement de levée variable permettant de retourner une partie de l'eau dans une bâche par un ajutage autour duquel circulait une partie de la vapeur d'échappement. Ce mode de réchauffage de l'eau d'alimentation s'est montré très efficace pendant les essais.

La chaudière verticale avait un foyer très haut, communiquant avec la boîte à fumée par 36 tubes horizontaux de $37^{mm}$ de diamètre. Cette chaudière trop petite donnait de la vapeur humide; elle était plus soigneusement enveloppée que celles des autres machines.

*Adams et Cie.* — La machine de MM. *Adams et Cie* était pourvue d'un régulateur agissant par étranglement de la vapeur; ce régulateur ne put pas fonctionner pendant les essais à cause de la position de l'indicateur qui obligea de l'immobiliser. La chaudière verticale était à foyer intérieur, avec deux tubes d'eau transversaux de $160^{mm}$ de diamètre et de $0^{m},75$ de long. La surface de chauffe était relativement faible : la chaudière n'avait pas d'enveloppe et la température des gaz dans la cheminée était beaucoup trop élevée. La cheminée traversait la vapeur qu'elle ne pouvait chauffer que très peu.

Dans tous ces essais, on employa comme dynamomètre un frein à corde avec poids et ressort et des indicateurs Crosby. La houille, de Powell-Duffryn, renfermait 85 pour 100 de carbone; sa puissance de vaporisation calculée était de $15^{kg},12$.

Une fois la machine en train, en charge et à vitesse normale, on réglait le feu de manière à maintenir une pression à peu près constante; puis, à la fin de l'essai, on ramenait le feu à son état initial ainsi que le niveau de l'eau.

Comme on le voit par les chiffres des Tableaux H et K, la chaudière de M. Strickland utilisait près des 0,7 de la chaleur totale du combustible tandis que celle de M. Adams n'en utilisait que la moitié; ce qui tient en grande partie à ce que cette chaudière était beaucoup plus forcée que l'autre, mais pas uniquement à cette cause, car la chaudière Turner, encore plus surmenée, avait un meilleur rendement; la surface de chauffe était mieux disposée dans la chaudière Turner, qui était aussi mieux enveloppée. Les rapporteurs font justement remarquer l'absurdité de ne pas envelopper soigneusement les chaudières locomobiles de manière à les rendre plus économiques et plus puissantes à poids égal. La supériorité de la chaudière Simpson est due principalement à l'étendue de sa surface de chauffe bien plus grande, à poids égal, avec le système tubulaire qu'avec le système tubulé ou à tubes d'eau, qui n'a guère d'autre avantage que de se prêter un peu mieux à l'emploi d'eaux très sales; mais il faut toujours éviter ces eaux absolument nuisibles si elles ne sont pas immédiatement dangereuses.

En ce qui concerne les mécanismes, ces essais ont encore une fois démontré la supériorité du système compound. La machine compound, marchant à une pression initiale plus élevée et à plus grande détente, a dépensé, par cheval effectif, moitié moins que les machines simples en eau et en charbon, et fourni, à poids égal de chaudière et de machine, trois fois plus de travail. Son rendement organique fut aussi plus élevé; mais elle n'avait ni régulateur, ni pompe d'alimentation, de sorte que l'on ne sait pas exactement de combien. Il faut en outre remarquer que la chaudière de Turner crachait beaucoup en raison de son surmenage exagéré, de sorte que l'économie de la machine Strickland ne doit pas être attribuée entièrement au système compound.

L'analyse des diagrammes fournit d'ailleurs à ce sujet des résultats plus complets.

On sait que si l'on trace, à côté du diagramme réel *gcl*

Fig. 24.

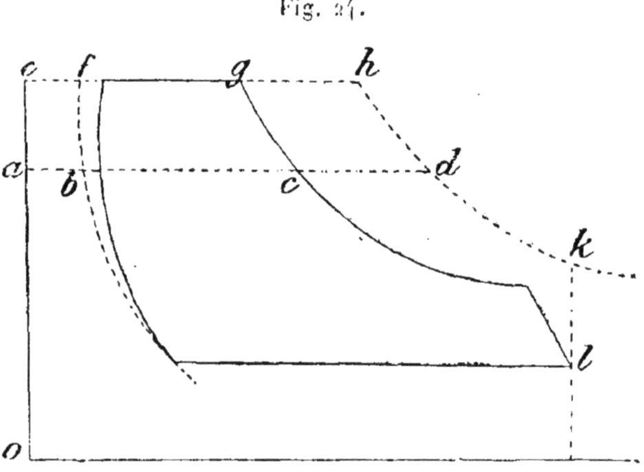


(*fig.* 24) des poids de vapeur présents au cylindre, les courbes de compression *fb* et de détente *hk* de la vapeur saturée, les longueurs *ab*, *ef* représentant les poids de la vapeur saturée présente au cylindre aux points *b* et *f* de la compression, et *fh* celui de la vapeur saturée présente à l'admission, les différences *gh*, *cd* représenteront à très peu près les poids de vapeur condensés sur les parois du cylindre aux points *g* et *c* du diagramme réel. Si, de *fg* en *l*, la courbe du diagramme réel se rapproche de la courbe de saturation *hk*, cela indique qu'il se produit pendant la détente une reévaporation de l'eau

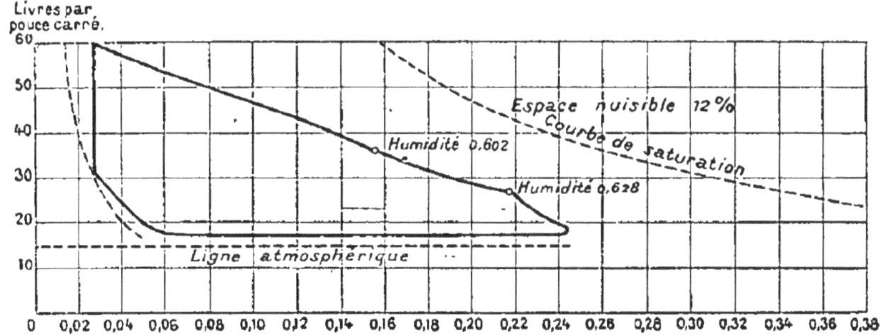


Fig. 25. — Machine Adams.

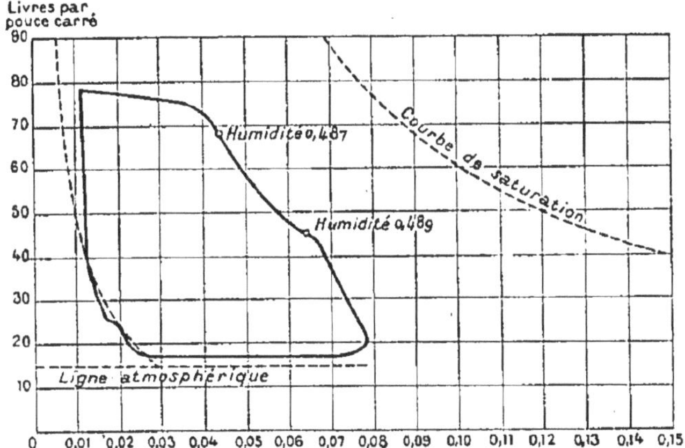


Fig. 26. — Machine Turner.

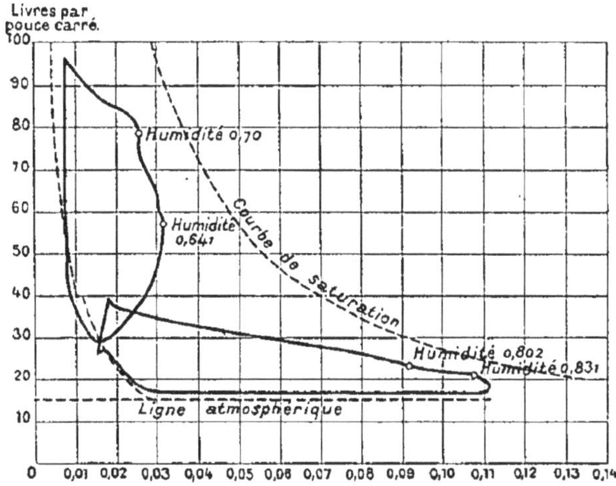


Fig. 27. — Machine compound Simpson-Strickland.

NOTA. — Les abscisses représentent les volumes des cylindrées en pieds cubes (1 pied cube = 28$^{lit}$,30), et les ordonnées, les pressions en livres par pouce carré (1 livre par pouce carré = 0$^{kg}$,07 par centimètre carré).

précipitée pendant l'admission. On peut prendre, pour indiquer le degré d'humidité de la vapeur, le rapport $\frac{ac}{ad}$ du poids réel de vapeur présent au cylindre au poids théorique de vapeur saturée à la même pression.

Le diagramme de la machine Adams (*fig.* 25) indique un étranglement considérable de la vapeur à l'admission. Au commencement de la détente géométrique, l'humidité de la vapeur, évaluée comme précédemment, était de 0,602, c'est-à-dire que les 0,4 de la vapeur se condensaient à l'admission, puis la vapeur se séchait un peu pendant la détente, mais très peu, passant de 0,602 à 0,628.

Le diagramme de la machine Turner (*fig.* 26) paraît, au contraire, absolument mauvais; la condensation dans le cylindre y est énorme : de plus de 50 pour 100 à l'admission ; la détente réelle n'y est que de 1,2, au lieu de 1,6 dans la machine Adams, de sorte que la condensation persiste pendant toute la course. L'irrégularité constatée avec cette machine sur toutes les courbes de compression paraît due à une reévaporation pendant le passage de la vapeur dans le canal du dos du tiroir. La grande humidité du cylindre provient surtout de ce que la chaudière était, comme nous l'avons dit, très surmenée; la machine aurait sans doute beaucoup mieux fonctionné avec une charge moindre.

Les *avantages thermiques de la marche en compound* apparaissent très clairement sur les diagrammes de la machine Simpson-Strickland (*fig.* 27). Au petit cylindre, la condensation de la vapeur, qui était de 30 pour 100 à l'admission, atteignait 35 pour 100 à la fin de la détente : le fonctionnement thermique de ce petit cylindre était donc déjà, à lui seul, meilleur que celui des machines simples; mais, dans le grand cylindre, pendant la détente, il se produisait une reévaporation qui abaissait, à la fin de la course, l'humidité de la vapeur à 17 pour 100, de sorte que la moitié environ de la vapeur condensée au petit cylindre s'était revaporisée au grand en produisant du travail. C'est à cette reévaporation, ainsi qu'à sa grande détente (4,4), que cette machine doit son économie, malgré la perte assez grande de la chute de pression entre les deux cylindres. Mais on pourrait diminuer, par une meilleure disposition de la distribution et surtout par l'emploi d'un réservoir intermédiaire, cette perte, qui n'est pas d'ailleurs absolue, car la détente entre les deux cylindres contribue au séchage de la vapeur et à diminuer l'influence des parois au grand cylindre.

Quant aux machines simples, il faut remarquer qu'il s'agissait ici de faibles forces, d'appareils destinés à l'Agriculture, pour lesquels on a cherché avant tout la simplicité autant que le bon marché. On fonctionnait à faible détente, avec de faibles vitesses de piston et sans chemise de vapeur, c'est-à-dire dans des conditions thermiques déplorables, sacrifiant presque de parti pris l'économie de combustible. Les machines de ce genre sont extrêmement nombreuses en Agriculture : et c'est un faux calcul, car, par cheval effectif, la machine Strickland, tout aussi robuste, coûtait moins cher, pesait trois fois moins et dépensait deux fois moins. Aussi ne peut-on qu'approuver la conclusion suivante du rapport de MM. Unwin et Pidgeon :

« Bien que la machine et la chaudière de MM. Simpson et Strickland ne puissent pas être considérées comme un type entièrement satisfaisant de leur classe, leurs résultats démontrent que leur type est en tout supérieur à celui des machines concurrentes, et elles indiquent exactement la voie qu'il faudrait suivre si l'on pouvait persuader aux constructeurs l'abandon d'un type de machine largement adopté en ignorance de ses défauts inhérents et irrémédiables. »

## Essais de Newcastle. — Tableau A.

DIMENSIONS DES LOCOMOBILES.

| | MACHINES SIMPLES. | | | MACHINES COMPOUND. | | | |
|---|---|---|---|---|---|---|---|
| | Foden. | Mac Laren. | Paxman. | Cooper. | Foden. | Paxman. | Mac Laren. |
| *Cylindres :* | | | | | | | |
| Course des pistons de basse et de haute pression | $254^{mm}$ | $380^{mm}$ | $305^{mm}$ | $280^{mm}$ | $254^{mm}$ | $355^{mm}$ | $381^{mm}$ |
| Diamètre du petit cylindre $d$ | 190 | 216 | 241 | 152 | 120 | 146 | 146 |
| » du grand cylindre D | » | » | » | 229 | 241 | 235 | 229 |
| Rapport des volumes du grand au petit cylindre $\left(\frac{D}{d}\right)^2$ | » | » | » | 2,25 | 4 | 2,60 | 2,45 |
| Espace nuisible moyen : cylindre et lumières. Petit cylindre | » | $1640^{cc}$ | $1475^{cc}$ | $1230^{cc}$ | » | $885^{cc}$ | $1016^{cc}$ |
| Espace nuisible moyen : cylindre et lumières. Grand cylindre | » | » | » | 1780 | » | 2100 | 1690 |
| Espace intermédiaire entre le petit et le grand cylindre | » | » | » | 14350 | » | 8480 | 7010 |
| *Foyer et grille :* | | | | | | | |
| Surface de grille normale G | $0^{mq},312$ | $0^{mq},622$ | $0^{mq},533$ | $0^{mq},341$ | $0^{mq},312$ | $0^{mq},495$ | $0^{mq},622$ |
| » » réelle pendant l'essai | 0 ,245 | 0 ,315 | 0 ,435 | 0 ,341 | 0 ,245 | 0 ,401 | 0 ,315 |
| Largeur des barreaux | $9^{mm},5$ | $9^{mm},5$ | $13^{mm}$ | $19^{mm}$ | $9^{mm},5$ | $13^{mm}$ | $9^{mm},5$ |
| Vide entre les barreaux | 6 | 5 | 6 | 6 | 6 | 6 | 5 |
| Section de l'entrée d'air entre les barreaux. normale | $0^{mq},09$ | $0^{mq},18$ | $0^{mq},12$ | $0^{mq},07$ | $0^{mq},09$ | $0^{mq},12$ | $0^{mq},18$ |
| Section de l'entrée d'air entre les barreaux. pendant l'essai | 0 ,07 | 0 ,10 | 0 ,11 | 0 ,07 | 0 ,07 | 0 ,10 | 0 ,10 |
| Hauteur du ciel du foyer au-dessus de la grille | $780^{mm}$ | $770^{mm}$ | $825^{mm}$ | $800^{mm}$ | $640^{mm}$ | $790^{mm}$ | $770^{mm}$ |
| *Surface de chauffe :* | | | | | | | |
| Longueur des tubes | $1^{m},83$ | $2^{m},06$ | $2^{m},15$ | $2^{m},10$ | $1^{m},67$ | $2^{m},15$ | $2^{m},08$ |
| Nombre des tubes | 76 | 51 | 53 | 22 | 76 | 53 | 51 |

| | | | | | | | |
|---|---|---|---|---|---|---|---|
| Diamètre extérieur des tubes | 41 | 51 | 51 | [illegible] | 41 | 51 | 51 |
| » intérieur des tubes | 38 | 38 | 46 | 59 | 38 | 46 | 38 |
| Surface de chauffe des tubes $t$ | $17^{mq},5$ | $16^{mq},8$ | $18^{mq},10$ | $9^{mq},14$ | $16^{mq},1$ | $18^{mq}$ | $16^{mq},8$ |
| » » du foyer F | 1 ,90 | 3 ,21 | 3 ,79 | 2 ,13 | 1 ,6 | 2 ,61 | 3 ,21 |
| » du réchauffeur dans la boîte à fumée $f$ | 0 ,24 | 0 ,32 | 0 ,29 | 0 ,33 | 0 ,24 | 0 ,41 | 0 ,32 |
| Surface totale, $s = t + F + f$ | 19 ,64 | 20 ,33 | 22 ,18 | 11 ,60 | 17 ,94 | 21 ,02 | 20 ,33 |
| Mètres carrés de chauffe par cheval nominal | 2 ,45 | 2 ,53 | 2 ,75 | 1 ,45 | 2 ,23 | 2 ,61 | 2 ,51 |
| Section de la cheminée | 0 ,045 | 0 ,053 | 0 ,045 | 0 ,041 | 0 ,055 | 0 ,045 | 0 ,053 |
| » de la tuyère d'échappement, en centimètres carrés | $24^{cq}$ | $20^{cq}$ | $11^{cq},5$ | $13^{cq}$ | $20^{cq}$ | $11^{cq},5$ | $20^{cq}$ |
| Rapports: $\frac{G}{c}$ (*) | 3,6 | 10,8 | 6,13 | 5,85 | 3,6 | 5,67 | 10,8 |
| Rapports: $\frac{s}{G}$ | 63,1 | 32,5 | 41,5 | 34 | 57,3 | 42,5 | 32,5 |
| Rapports: $\frac{s}{t}$ | 1,12 | 1,20 | 1,23 | 1,26 | 1,12 | 1,17 | 1,20 |
| Rapports: $\frac{s}{F}$ | 10,3 | 6,3 | 5,9 | 5,4 | 11,25 | 8,05 | 6,3 |
| Rapports: $\frac{t}{F}$ | 9,2 | 5,2 | 4,8 | 4,28 | 10 | 7 | 5,2 |
| Rapports: $\frac{F}{G}$ | 6,08 | 5,16 | 7,11 | 6,24 | 5,12 | 5,27 | 5,16 |
| Rapports: $\frac{t}{G}$ | 56 | 27,0 | 33,9 | 26,8 | 51,2 | 36,3 | 27 |
| Volume total de la chaudière V | $0^{mc},877$ | $1^{mc},070$ | $1^{mc},120$ | $1^{mc},003$ | $0^{mc},765$ | $1^{mc},180$ | $1^{mc},100$ |
| » de l'eau au niveau normal $v$ | 0 ,515 | 0 ,648 | 0 ,597 | 0 ,610 | 0 ,448 | 0 ,631 | 0 ,648 |
| » de la vapeur au niveau normal, $V' = V - v$ | 0 ,362 | 0 ,422 | 0 ,533 | 0 ,393 | 0 ,317 | 0 ,549 | 0 ,452 |
| Hauteur du niveau au-dessus du ciel du foyer | $38^{mm}$ | $57^{mm}$ | $92^{mm}$ | $54^{mm}$ | $38^{mm}$ | $86^{mm}$ | $57^{mm}$ |
| Rapport $\frac{v}{V'}$ | 1,4 | 1,5 | 1,14 | 1,55 | 1,4 | 1,16 | 1,4 |

(*) $c$ représente le calorimètre ou la section des tubes.

## Tableau B.

RÉSULTATS PRINCIPAUX DES ESSAIS DE NEWCASTLE.

| | MACHINES SIMPLES. | | | MACHINES COMPOUND. | | | |
|---|---|---|---|---|---|---|---|
| | Foden. | Mac Laren. | Paxman. | Cooper. | Foden. | Paxman. | Mac Laren. |
| Eau vaporisée par kilog. de charbon, non comprise celle des enveloppes, *ramenée à* 100°........ | kg. 11,79 | kg. 10,79 | kg. 10,01 | kg. 10,75 | kg. 10,81 | kg. 11,38 | kg. 11,21 |
| Eau vaporisée par kilog. de charbon, y compris celle des enveloppes (calculée)............. | 12,96 | 12,27 | 11,21 | » | 12,26 | 12,99 | 12,59 |
| Rendement de la chaudière rapporté à une vaporisation de 15kg,45 par kilogramme de charbon.... | 0,839 | 0,786 | 0,725 | 0,696 | 0,794 | 0,840 | 0,814 |
| Poids d'air par kilog. de charbon. | kg. 12,42 | kg. 26,20 | kg. 23,45 | kg. 19,03 | kg. 15,22 | kg. 24,43 | kg. 27,43 |
| Id. en tant pour 100 du poids théorique de 11kg,38 d'air par kilogramme de charbon........ | 109 | 230 | 206 | 167 | 133 | 215 | 241 |
| Tours par minute................ | 172 | 136 | 135 | 173 | 160 | 140 | 149 |
| Puissance indiquée.............. | ch. 13,88 | ch. 23,43 | ch. 19,82 | ch. 21,12 | ch. 18,63 | ch. 22,77 | ch. 24,02 |
| » au frein, y compris le frottement du frein............ | 11,37 | 16,98 | 16,94 | 17,25 | 17,57 | 20,33 | 21,07 |
| Rendement organique........... | 0,82 | 0,72 | 0,85 | 0,82 | 0,94 | 0,89 | 0,88 |
| Charbon par cheval-heure effectif. | kg. 1,26 | kg. 1,22 | kg. 1,18 | kg. 1,66 | kg. 0,88 | kg. 0,84 | kg. 0,99 |

## Tableau C.

COMPARAISON AVEC LES RÉSULTATS DES ESSAIS DE CARDIFF.

| | MACHINES SIMPLES. | | | | | | MACHINES COMPOUND. | | |
|---|---|---|---|---|---|---|---|---|---|
| | Newcastle. | | | Cardiff. | | | Newcastle. | | |
| | Paxman. | Mac Laren. | Foden. | Clayton. | Reading. | Clayton. | Paxman. | Foden. | Mac Laren. |
| Charbon par cheval-heure effectif, en ne tenant pas compte du frottement du frein, et ramené à la même qualité de houille : celle de Llangennech.............. | kg. 1,21 | kg. 1,25 | kg. 1,31 | kg. 1,27 | kg. 1,30 | kg. 1,31 | kg. 0,863 | kg. 0,900 | kg. 1,05 |
| Charbon par cheval-heure effectif, en tenant compte du frottement du frein; quantités évaluées en houille de Powell-Duffryn........... | 1,16 | 1,22 | 1,28 | » | » | » | 0,84 | 0,88 | 0,99 |

## Tableau D.

COMPARAISON ENTRE LES ÉCONOMIES THÉORIQUES ET PRATIQUES OBTENUES PAR UNE AUGMENTATION DE PRESSION.

| | CARDIFF. | NEWCASTLE. | | |
|---|---|---|---|---|
| | Reading simple. | Paxman simple. | Paxman compound. | Foden compound. |
| Pression de la vapeur (effective)... | $5^k,6$ | $6^k,65$ | $10^k,5$ | $17^k,5$ |
| Température de la vapeur $t_1$........ | 162° | 168° | 185° | 208° |
| » absolue correspondante $T_1$....................... | 434° | 541° | 458° | 481° |
| Température finale $t_0$.............. | 102° | 102° | 102° | 102° |
| Coefficient économique $\frac{t_1 - t_0}{T_1}$ ...... | 0,14 | 0,15 | 0,18 | 0,22 |
| Comparaison de coefficients économiques.......................... | 1,59 | 1,48 | 1,21 | 1 |
| Eau dépensée par cheval-heure effectif, non comprise celle des enveloppes........................ | $13^k,7$ | $12^k$ | $9^k,68$ | $9^k,70$ |
| Comparaison des dépenses d'eau.... | 1 | 0,87 | 0,70 | 0,71 |

## Tableau E.

ANALYSE THERMIQUE DE LA LOCOMOBILE DAVEY-PAXMAN SIMPLE.

| | |
|---|---|
| Chaleur totale dépensée | 100 |
| 1° Vaporisation de l'eau du bois d'allumage à 195° | 0,32 |
| 2° Élévation de 20° à 195° du bois et de l'air nécessaire à sa combustion | 0,13 |
| 3° Vaporisation de l'eau du charbon à 195° | 0,29 |
| 4° Élévation de 20° à 195° du charbon et de l'air nécessaire à sa combustion | 4,44 |
| 5° Déplacement de l'atmosphère par les gaz brûlés du bois et du charbon et de l'air nécessaire à leur combustion | 1,83 |
| 6° Échauffement de l'excès d'air et Déplacement de l'atmosphère par cet excès d'air | 6,34 |
| 7° Vaporisation de l'eau dans la chaudière | 71,78 |
| 8° Rayonnement et conductibilité | 9,32 |
| 9° Cendres et charbon non brûlé | 1,85 |
| 10° Divers | 3,70 |

## Tableau F.

REFROIDISSEMENT DES LOCOMOBILES PAR LE RAYONNEMENT.

(*Température extérieure* 20°.)

| | MACHINES SIMPLES. | | MACHINES COMPOUND. | | | |
|---|---|---|---|---|---|---|
| | Foden. | Paxman. | Cooper. | Foden. | Paxman. | McLaren. |
| Volume de l'eau au niveau normal | $0^{mc},515$ | $0^{mc},597$ | $0^{mc},610$ | $0^{mc},448$ | $0^{mc},631$ | $0^{mc},648$ |
| Volume de la vapeur | $0^{mc},362$ | $0^{mc},516$ | $0^{mc},353$ | $0^{mc},317$ | $0^{mc},549$ | $0^{mc},452$ |
| Poids rayonnant de la chaudière et du mécanisme | $8050^{kg}$ | $3630^{kg}$ | $3220^{kg}$ | $8840^{kg}$ | $3770^{kg}$ | $3900^{kg}$ |
| Pression de la vapeur (effective) | $8^{kg},40$ | $6^{kg},65$ | $8^{kg},75$ | $17^{kg},5$ | $10^{kg},5$ | $10^{kg},85$ |
| Température de la vapeur | 175° | 168° | 178° | 208° | 185° | 187° |
| Puissance effective, en tenant compte du frottement du frein | $11^{ch}37$ | $16^{ch},94$ | $17^{ch},25$ | $17^{ch},57$ | $20^{ch},33$ | $21^{ch},07$ |
| Charbon dépensé par heure | $14^{kg},2$ | $20^{kg}$ | $28^{kg},8$ | $15^{kg},5$ | $17^{kg},1$ | $20^{kg},8$ |
| Calories fournies par la grille au taux de 8,300 par kil. de charbon, C | 117,860 | 166,000 | 239,040 | 128,650 | 141,930 | 172,640 |
| Refroidissement en calories par heure, $r$ | 17,700 | 10,900 | 12,800 | 21,000 | 15,600 | 11,600 |
| Équivalent en kilogr. de charbon | $2^{kg},12$ | $1^{kg},31$ | $1^{kg},54$ | $2^{kg},50$ | $1^{kg},50$ | $1^{kg},40$ |
| Rapport $\frac{r}{C}$ | 0,15 | 0,066 | 0,054 | 0,165 | 0,110 | 0,068 |
| Refroidissement en calories par cheval-heure effectif | 1560 | 650 | 750 | 1200 | 750 | 550 |

## Tableau G.

ANALYSE DES GAZ DE LA COMBUSTION.

| | | Foden. | Mac Laren. | Paxman. | Cooper. | Foden. | Paxman. | Mac Laren. |
|---|---|---|---|---|---|---|---|---|
| Dosage en volumes. | Azote | 80,13 | 80,92 | 80,10 | 80,15 | 80,03 | 80,09 | 80,67 |
| | Oxyde de carbone | 1,25 | » | » | 0,30 | » | » | » |
| | Acide carbonique | 15,75 | 7,75 | 8,90 | 10,65 | 14,25 | 8,55 | 7,50 |
| | Oxygène | 2,87 | 11,33 | 11,00 | 8,90 | 5,72 | 11,36 | 11,83 |
| | Air non brûlé | 53,67 | 53,95 | 52,38 | 42,38 | 27,24 | 54,09 | 56,33 |
| Dosage en poids. | Azote | 73,23 | 76,32 | 75,10 | 74,60 | 73,45 | 75,20 | 76,11 |
| | Oxyde de carbone | 1,14 | » | » | 0,27 | » | » | » |
| | Acide carbonique | 22,64 | 11,49 | 13,12 | 15,65 | 20,55 | 12,61 | 11,13 |
| | Oxygène | 2,99 | 12,21 | 11,79 | 9,48 | 6 | 12,19 | 12,76 |
| | Air non brûlé | 12,82 | 52,40 | 50,55 | 40,68 | 25,74 | 52,32 | 54,76 |
| | | kg. | kg. | kg. | kg. | kg. | kg. | kg. |
| Gaz brûlé par kilog. de charbon | | 11,70 | 12,36 | 12,09 | 12,06 | 12,15 | 12,10 | 12,29 |
| Excès d'air » » | | 1,67 | 14,80 | 12,31 | 7,92 | 4,02 | 13,27 | 16,10 |
| Air utilisé » » | | 10,75 | 11,40 | 11,14 | 11,11 | 11,20 | 11,16 | 11,33 |
| Température extérieure | | 20° | 24° | 18° | 18° | 24° | 20° | 20° |
| » dans la boîte à fumée | | 198° | 227° | 196° | 360° | 224° | 210° | 238° |
| | | kg. | kg. | kg. | kg. | kg. | kg. | kg. |
| Charbon total dépensé | | 62,6 | 90 | 87,5 | 117,5 | 67,1 | 76,2 | 91,8 |
| Perte par les gaz brûlés en kilogrammes de charbon | | 3,82 | 6,65 | 4,28 | 14,4 | 4,76 | 5,12 | 7,20 |
| Perte emportée par l'excès d'air | | 0,53 | 7,95 | 5,22 | 9,2 | 1,57 | 5,58 | 9,37 |
| » totale dans la cheminée | | 4,35 | 14,60 | 9,50 | 23,6 | 6,33 | 10,70 | 16,57 |

## Concours de Plymouth. — Tableau H.

DIMENSIONS DES MACHINES.

| | SIMPSON (compound). | TURNER. | ADAMS. |
|---|---|---|---|
| Puissance nominale | $3^{ch}$ | $2^{ch},5$ | $5^{ch}$ |
| Poids à vide | $800^{kg}$ | $1850^{kg}$ | $2700^{kg}$ |
| Prix | $2500^{fr}$ | $2200^{fr}$ | $2880^{fr}$ |
| Cylindres, diamètre grand D | $152^{mm}$ | » | » |
| » » petit *d* | 76 | $115^{mm}$ | $180^{mm}$ |
| » course | 152 | 190 | 250 |
| Rapport $\left(\frac{D}{d}\right)^2$ | 4 | » | » |
| Espace nuisible, grand cylindre | $435^{cc}$ | » | » |
| » petit cylindre | 213 | $310^{cc}$ | $745^{cc}$ |
| Pression normale | $8^{kg},40$ | $4^{kg},60$ | $5^{kg},25$ |
| Vitesse normale en tours par minute. | 300 | 220 | 140 |
| Surface de grille G | $0^{mq},22$ | $0^{mq},245$ | $0^{mq},435$ |
| Surface de chauffe totale S | 6 ,07 | 3 ,21 | 4 ,26 |
| Rapport $\frac{S}{G}$ | 27,2 | 13,15 | 9,80 |
| Surface de surchauffe $s'$ | $2^{mq},34$ | » | » |
| Rapport $\frac{S}{s'}$ | 2,6 | » | » |
| Volume de l'eau au niveau normal. | $170^{lit}$ | » | » |

## Tableau K.

RÉSULTATS DU CONCOURS DE PLYMOUTH.

| | SIMPSON STRICKLAND ET Cie Dartmouth — 1er prix. | TURNER à Ipswick. — 2e prix. | ADAMS ET Cie Northampton. |
|---|---|---|---|
| *Chaudière :* | | | |
| Pression moyenne effective......... | 7kg,10 | 4kg,25 | 5kg,25 |
| Température de l'eau d'alimentation. | 17°,5 | 17° | 14° |
| Réchauffage....................... | 4 ,2 | 41 | 0 |
| Vaporisation réelle par kilogramme de charbon..................... | 8kg,725 | 7kg,65 | 5kg,98 |
| Vaporisation ramenée à 100°....... | 10 ,42 | 9 ,065 | 7 ,13 |
| Rendement de la chaudière........ | 0 ,689 | 0 ,60 | 0 ,53 |
| Calories transmises par mètre carré de chauffe et par heure ......... | 9600cal | 29600cal | 24000cal |
| Vaporisation par mètre carré de chauffe et par heure............ | 15kg,10 | 47kg,5 | 38kg |
| Charbon par mètre carré de grille et par heure..................... | 47 ,5 | 81 ,20 | 62 ,80 |
| *Mécanisme :* | | | |
| Tours par minute.................. | 298,1 | 210,4 | 144,2 |
| Pression moyenne effective au grand cylindre........................ | 0,78 | » | » |
| Pression moyenne effective au petit cylindre........................ | 3,20 | 2,90 | 1,57 |
| Puissance moyenne indiquée au grand cylindre........................ | ch. 2,78 | » | » |
| Puissance moyenne indiquée au petit cylindre........................ | 2,86 | ch. 5,175 | ch. 6,201 |
| Puissance moyenne indiquée totale.. | 5,64 | 5,175 | 6,201 |
| Puissance moyenne effective........ | 5,04 | 4 | 5 |
| Rendement organique............. | 0,89 | 0,77 | 0,81 |
| Poids de la machine à vide par cheval effectif....................... | 160kg | 460kg | 540kg |
| Prix par cheval effectif........... | 500fr | 550fr | 576fr |
| Vaporisation par cheval-heure indiqué............................ | 16kg,10 | 29kg,10 | 26kg,10 |
| Charbon par cheval-heure indiqué.. | 1 ,85 | 3 ,81 | 4 ,36 |
| Détente réelle.................... | 4,4 | 1,2 | 1,6 |
| Vitesse du piston en mètres par seconde........................... | 1m,50 | 1m,35 | 1m,25 |

# TABLE DES MATIÈRES

## DU MÉMOIRE DE M. G. RICHARD.

---

Pages.



(Extrait des *Annales du Conservatoire des Arts et Métiers*, 2ᵉ Sⁱᵉ, t. IV.)

---

Paris. — Imp. Gauthier-Villars et fils, 55, quai des Grands-Augustins.

www.ingramcontent.com/pod-product-compliance
Ingram Content Group UK Ltd.
Pitfield, Milton Keynes, MK11 3LW, UK
UKHW020222200726
13856UKWH00004B/1557